U0631693

美国采风

第1季

吴国盛 著

中国科学技术出版社

·北京·

图书在版编目（CIP）数据

吴国盛科学博物馆图志. 美国采风. 第 1 季／吴国盛著. —北京：中国科学技术出版社，
2017.3（2020.8 重印）

ISBN 978-7-5046-7273-5

I.①吴 ⋯ II.①吴 ⋯ III.①科学技术－博物馆－美国－图集 IV.① N28-64

中国版本图书馆 CIP 数据核字 (2016) 第 259717 号

策划编辑	杨虚杰
责任编辑	鞠　强
装帧设计	犀烛书局
责任校对	杨京华
责任印制	马宇晨

出　　版	中国科学技术出版社
发　　行	中国科学技术出版社有限公司发行部
地　　址	北京市海淀区中关村南大街 16 号
邮　　编	100081
发行电话	010-62173865
传　　真	010-62173081
网　　址	http://www.cspbooks.com.cn

开　　本	889mm×1230mm 1/32
字　　数	168 千字
印　　张	7
版　　次	2017 年 3 月第 1 版
印　　次	2020 年 8 月第 2 次印刷
印　　刷	天津兴湘印务有限公司
书　　号	ISBN 978-7-5046-7273-5/N·217
定　　价	48.00 元

目录

前 言

　　科学博物馆（Science Museum，简称"科博馆"）广义上包括自然博物馆（Natural History Museum）、科学工业博物馆（Science and Industrial Museum，简称"科工馆"）和科学中心（Science Center）三种科学类博物馆，其中自然博物馆专门收藏动物、植物与矿物标本，展示大自然的品类之盛；科学工业博物馆专门收藏科学仪器、技术发明和工业设备，展示近代科技与工业的历史遗产；科学中心基本上不收藏，以展陈互动展品为主，帮助观众在玩乐和亲手操作中理解科学。按照出现的历史顺序，这三类博物馆或可分别称为第一代、第二代和第三代科学博物馆。不过，它们虽然有历时关系，但也具有共时关系，因为后一代科学博物馆类型的出现并没有取代前一代，而是同时并存、互相补充。就此而言，这三类博物馆又可以称为第一类、第二类和第三类科学博物馆。在有些大型科学类博物馆中，这三种类型的展陈内容和展陈形式兼而有之、相互融合、相得益彰。

　　科学博物馆在弘扬科学文化、推动公众理解科学、提高公民科学文化素质方面，发挥着不可替代的作用。在我国，科学博物馆常见的称呼是"科技馆"或"科学技术馆"。近十多年来，随着经济实力的提高，我国从中央到地方陆续兴建和改造科技馆。我们也许可以说，中国正在进入科技馆的发展高峰时期。学习发达国家的科学博物馆，借鉴他们的成功经验，对中国的科技馆建设和发展具有重要意义。中国科技馆界需要更多的了解国外科博馆。

另一方面，随着我国人民生活水平的提高，出国旅游越来越成为时尚。在欧美发达国家，参观博物馆是旅游的重要项目，因为博物馆积淀了一个地区、一个民族的文化精华，是最重要的人文景观。中国游客早晚会养成参观博物馆的习惯，并且在参观博物馆中了解异域的文化、陶冶自己的情操。目前，参观艺术博物馆一定程度上成为共识，相关旅游指南多有出版，但科学博物馆尚未被更多的旅游者所了解。这个局面也需要打破。

2013年秋天，我受聘担任湖北省科技馆新馆内容建设总编导，全面负责内容建设布展大纲的编创工作。为了完成这一工作，过去两年来，我利用各种机会访问了许多发达国家的科学博物馆，拍摄了数千张照片。在中国科学技术出版社杨虚杰女士的大力支持下，我精选了若干展品图片，配上相应的文字，按照国别地区分册，集成了这套"吴国盛科学博物馆图志"，希望能够对中国的科技馆界和广大出国旅游者有所裨益。

美国于1776年独立建国，如今是世界上最强大的国家。1864年，美国最早的科技博物馆"新英格兰自然博物馆"在波士顿建立，是今日波士顿科学博物馆的前身。按照美国政府2014年发布的统计，美国有超过35000个活跃的博物馆。其中，历史类博物馆约占55%，艺术类博物馆约占4.5%，自然科学类(包括科技中心、科技博物馆、自然博物馆、自然保护区、植物园、天文馆等）约占5.8%。科技类博物馆虽然总数不多，但吸引了最多的观众。其中，科技中心约占1%，约350所。维基百科上列出了424个科技类博物馆的名录，其中多数是科技中心。可以说，美国既是当今世界的科技大国，也是科技馆大国。要了解国际科学博物馆的发展状况，必须了解美国。

受湖北省科技馆的委托，2013年年底至2014年年初，我考察了加州伯克利劳伦斯科学厅、旧金山探索馆、洛杉矶加州科学中心、芝加哥科学工业博物馆和西雅图太平洋科学中心等五个著名的科技馆。本书对它们做一个简单的介绍。

劳伦斯科学厅

LAWRENCE HALL OF SCIENCE

劳伦斯科学厅

LAWRENCE HALL OF SCIENCE

劳伦斯科学厅（Lawrence Hall of Science）隶属于加州大学伯克利分校，但却是一家面向公众的科学中心，是大学服务于社会的一个典型机构。它位于伯克利的山顶上，沿百周年车道（Centennial Dr）可以上达。除周一、周二、感恩节、圣诞节外，每天上午 10 点至下午 5 点开放。门票大人 12 美元，3-18 岁少年儿童以及 62 岁以上的老人 10 美元。会员、伯克利大学师生免费。

△ 劳伦斯科学厅外景

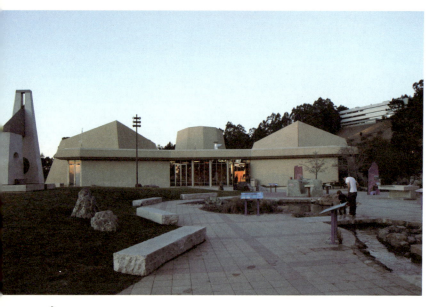

△ 劳伦斯科学厅的户外部分

△ 站在科学厅的院子里可以望见旧金山湾区

　　2013 年 12 月 26 日上午我到达旧金山机场，中午在伯克利附近的宾馆住定。下午，我从校园里搭乘 65 路公交车上到山顶，然后再步行一段路前往科学厅。只见厅外有依山修建的多道巨大停车场，可以想象旺季时应该非常火爆。我到达时已经是下午 4 点多了，到了快关门的时间，工作人员因此让我免费参观，但此时人数仍然不少。这里视野开阔，是观览旧金山湾区的绝佳场所。把科学中心开设在这个地方可谓占尽地利优势。

△ 欢迎来到劳伦斯科学厅　　▽ 劳伦斯纪念展示区　　△ 劳伦斯获诺贝尔奖证书

科学厅的名称来源于 1939 年诺贝尔物理学奖获得者恩斯特 · 劳伦斯（Ernst Lawrence, 1901—1958）。在进入科学厅之后的左手边，有一个关于劳伦斯的简单纪念展示。劳伦斯是著名核物理学家，1930 年在伯克利制造出第一台高能粒子回旋加速器。二战时期他参与曼哈顿计划，负责用电磁法来提纯铀 235 的工作。他去世后，学校筹建一个科学中心以纪念他的杰出成就。1968 年，劳伦斯科学厅对外开放。科学厅外马路旁有一个 65 吨的巨大电磁铁，为 20 世纪 30 年代早期的 27 英寸（1 英寸 = 2.54 厘米）回旋加速器提供磁场。

▽ 65 吨的巨大电磁铁

△ 大电磁铁放置在科学厅旁边的马路旁

劳伦斯像以及他的工作团队在加速器大磁铁前的合影

劳伦斯科学厅是一个科学中心模式的科技馆，鼓励公众在动手中学习，在玩乐中学习科学。科学厅共分两层，面积不大。平地一层有主厅、天象厅、发现角商店（Discovery Corner Store，就是我国科技馆常见的玩具礼品小卖部，但这里不卖吃喝的东西）、儿童实验室（就是低幼儿童乐园）以及两个展厅，地下一层有 3D 剧场、发现动物室和教室、实验室。一层的室外是旧金山湾区地质构造展示区。我去的时候，主厅正在举办以纳米为主题的展览，另有一个展厅正在举办野生动物保护的主题展览。

▽　主厅纳米展

△ 主厅纳米展（另一个角度）

△ 巴拿马金蛙（Panamanian golden frog）

▽ 修复沾满油污的海鸟（rehabilitating oiled seabirds）

◁ 野生动物保护展厅　　▽ 商店里出售的小型互动展品

△ 儿童实验室（kids lab）

◁▷ 儿童科学图书

◁▷ 早期的回旋加速器（early cyclotrons）

◁▽ 神奇的象鼻，观众可以把手伸进那个圆孔里，用手触摸感受象鼻的柔软、潮湿。

◁ 兽医在行动（veterinarians in action）　　　▽ 球面上的科学，里面是一个球幕放映厅。

△ 视觉暂留实验道具，可以自己选择视觉暂留的图片，放好图片后转动有一道道竖缝的黑色铁皮桶，从竖缝里就可以看见动画片。

◁ 云室（cloud chamber），高能物理实验室里常见的仪器设备，可以用来观测亚原子粒子的运动轨迹。

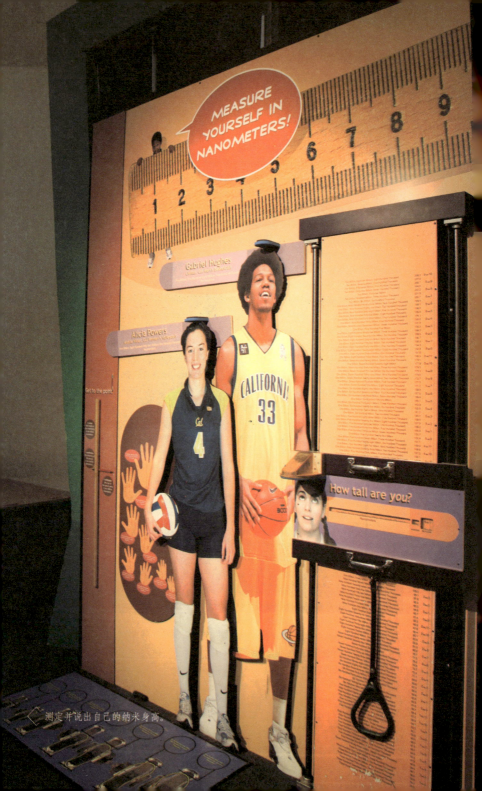

测定并说出自己的纳米身高。

▷ X 射线体验设备，把标本放到灯下，对面屏幕上可以出现模拟的 X 射线图。

▽ 算一算低碳生活可以节省多少能源。

飞行模拟器，模拟早期的飞
行器，有巨大的机翼、巨大
的尾部螺旋桨，眼前的屏幕
上则是模拟飞行员眼中变化
着的空间场景。

飞行模拟器局部

这里的观众，无论是小孩还是大人都很认真地学、认真地玩。大人认真最重要。在中国，许多大人去科技馆纯粹只是陪孩子，自己根本不看、不钻研、不学习，起不到给孩子示范带头的作用。孩子们因此也就对着互动展品打打闹闹，看个热闹拉倒。我注意到，在一处关于壁虎为什么能爬墙的纳米分析展示前，两个大人看得很认真，玩得很投入。提高科学素养不只是小孩的事情，大人也有责任。但现在中国的科技馆似乎专门给小孩建的，孩子的家长并不认为自己也需要学习。中国古语说"活到老学到老"，现代人也提倡终身学习，为什么现代中国人那么不爱学习呢？科技馆本来就是非正式教育最好的场所，如果不能吸引成人，那至少是丧失了一半的功能。

▽ 两个成年人在壁虎技术 (gecko tech) 展示牌前认真研究

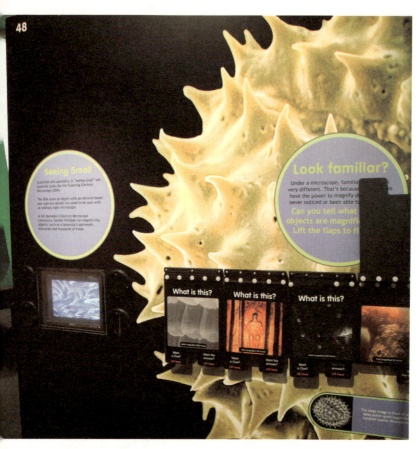

△ 将物体充分放大或充分缩小，你会见到完全陌生的样子。

◁ 在一层的户外，眺望夕阳西下的旧金山湾区，景色十分壮丽。左面是湾区大桥，更远方是
金门大桥。科学厅5点关门后，许多参访者在这里驻足，欣赏西边天空的晚霞。

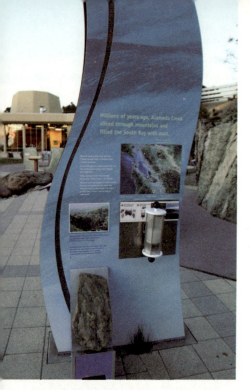

　　户外并不是单纯的观光区，而是做成了一个关于湾区如何形成的地质构造说明展示区。小孩们可以在这里动手修水坝，模拟水流作用如何形成地质力量，塑造湾区的地质结构。

◁ 地质构造说明展示

◁ 湾区地质地层构造说明展示

△ 湾区地质构造展示区

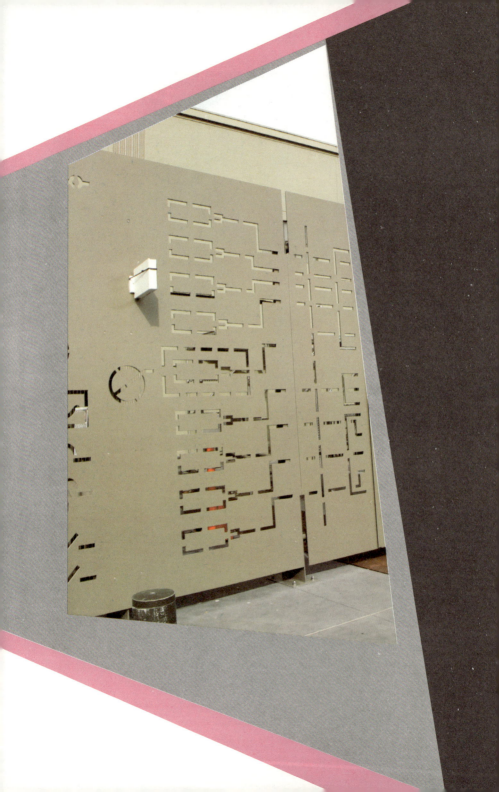

旧金山探索馆

EXPLORATORIUM

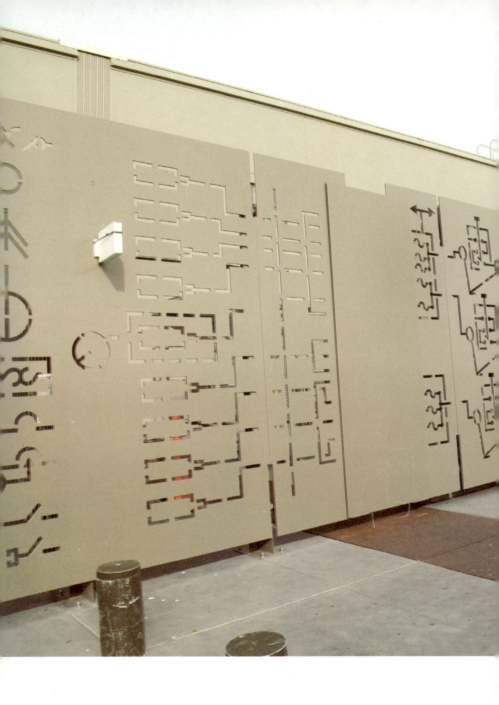

旧金山探索馆
EXPLORATORIUM

旧金山探索馆（Exploratorium）在科技馆的发展历史上扮演着关键的角色。这座由著名核物理学家罗伯特·奥本海默（Robert Oppenheimer，1904—1967）的弟弟弗兰克·奥本海默（Frank Oppenheimer，1912—1985）创建于 1969 年的科技馆，推崇全方位的互动体验方法，创建了科技馆的全新模式，开创了科技馆的"科学中心"时代。2013年 12 月 27 日，我来到了这个在科技馆界享有盛誉的地方。

探索馆收票，我去时的价格是大人（18 ~ 64 岁）25 美元，4 ~ 7 岁儿童青少年、教师、学生、老人、残疾人 19 美元，3 岁及以下儿童免费。开放时间每天上午 10 点到下午 5 点。应该说，门票并不便宜，而且每年上涨。

　　探索馆创始的时候，位置在金门大桥东端的美术宫（Palace of Fine Arts）。这座美术宫是专为 1915 年巴拿马太平洋万国博览会所建的临时建筑。博览会结束后，美术宫在市民的要求下被保留下来，直到 1962 年开

▽ 探索馆外景

△ 探索馆布局图

始被改造成科技馆。奥本海默担任首任馆长直到去世。1987 年，当时的斯坦福大学电机系主任罗伯特·怀特（Robert L.White）博士接任馆长直到 1991年。1991 年—2005 年，法国物理学家和教育学家德拉科特（Goéry Delacôte）担任执行馆长，极大地开辟了探索馆的网络空间。2005 年以来的现任馆长是丹尼斯·巴特尔斯（Dennis Bartels）博士，一位著名的科学教育家和科技政策专家。他在办馆方面强调终身学习（lifelong learning）的理念，在馆内营造终身学习的文化氛围。2013 年 4 月，探索馆移往现在的新址：渔人码头第 15-17 号码头，其中第 15 号码头是公开展示厅，17 号码头是仓库和预留空间。

从外表看，比起我们中国的大型科技馆的外部造型来说，它实在是太平常了，就像码头上的一座仓库。事实上，它之前的确就是一个仓库。在平淡无奇的外表里面，却是极富创造性的展品和终年如潮的人流。可能是正处在美国的假期，其参观者之众几乎赶得上国庆期间的中国科技馆。但是，由于它里面的展品多，密度大，人虽多，但总是还能找到东西玩，而且可以安静地玩，不至于像我在国内的科技馆经历过的那样，正当你好不容易找到一个展品闲着准备仔细研究一下，来了几个小孩上下其手，让你玩不成。

探索馆的建筑面积3万平方米，展示面积1万平方米，展品600多件。从展示面积看，按中国科协的官方标准可算得上特大型馆，但它的观众数十分惊人。据它的官网介绍，2014年观众数达到110万。对比一下，我们的广东科学中心建筑面积接近14万平方米，展示面积6万平方米，年观众数200万人次。我们的中国科技馆，建筑面积10万平方米，展示面积3万平方米，2014年的观众是190万人次。让

▽ 探索馆外的两根环型铁轨，铁轨上面有若干可以滑动的小木板。

△ 像电子线路板一样的钢板造型

我感触很深的另一方面是，这里的观众多数是成年人，不像中国的科技馆主要面对少年儿童。然而，要想吸引成年人购买不菲的门票来参观，探索馆必定有它的绝活儿。

⌂ 湾区大桥模型

　　探索馆外的小广场上有两根环型铁轨，上面有不少单轨滑车，大人小孩都可以上去玩。广场靠场馆那面墙边立有一些像电子线路板一样的钢板；另一面有木头搭成的台子，上面镶嵌着关于人们相互对视的社会心理学实验的知识贴牌。

　　我先在场外临海走廊上转了转，这里既可以欣赏海湾美景，也有互动展品。有一个圆形容器里装着的是附近海域的海水，在转动容器的时候，既能看到特定的流体力学现象，也能提醒人们保护海洋环境。

◁ 海湾美景

◁ 湾区海水被装在一个透明的容器里，当游人摇动把手转动容器时，可以看到特有的流体力
学现象，也可以看到海水其实已经被污染了。

△ 用脚蹬转动前面的飞轮，飞轮上的绳索就会被高速抛出。

　　第15号仓库楼层不高，有的地方只有一层，有的地方搭起了二层。二层包括学习区、办公区、媒体区，主要展厅都在一层，自西向东包括触觉圆顶屋（Tactile Dome，黑暗中感受触觉）、黑盒子（Black Box，艺术展品）、西展厅（West Gallery，人类感知与社会行为）、南展厅（South Gallery，动手创作）、中展厅（Central Gallery，声学光学实验）、东展厅（East Gallery，探索大小生物）和湾区观察所（Bay Observatory，自然与人工力量对景观的影响）。在靠近17号码头的室外平台上，还有户外展厅（Outdoor Gallery，风水潮汐对旧金山市和湾区的影响）。

　　原创是探索馆最大的特色。在展厅中间位置被隔开的区域就是探索馆研究开发人员的工作场所，像是一个大型的实验室、

△ 在户外供观众休息的木头台阶处，贴有许多心理学实验知识的贴牌。

车间，但与观众并不完全隔绝，观众可以看到他们的工作场景。研究者和展品开发者也以多种方式与观众互动。开发人员素质很高，许多人从事过一线的科学研究工作，拥有科学方面的博士学位，又热爱科技展教事业。有些展品材料简单质朴，但构思独特、新颖。

▽ 研发工作间

　　探索馆的展品可以分为如下几类：普通力学、机械、流体力学、声学、光学、电学、磁学、博物学、生理学和感知心理学。

　　其中普通力学代表性的展品有：树支的平衡、钉板的压强、积木的平衡、搭拱桥、大转轮上的小轮运动、混沌摆、粒子加速器、大陀螺仪、伽利略的斜面运动、摆的谐振、沙漏在传送带上画出波形、傅科摆的微型化、摆的频率与摆长相关、老鼠转轮等。

◁ 研发工作间

◁ 从这个触摸屏上可以了解
探索馆的讲解员（meet the
explainers）。

◁▽ 把手放在密集的钉板上并不会感到刺痛,
　　那是因为压力被分散了。

◁▷ 树条的平衡。

◁ 搭拱桥

▽ 搭拱桥（catenary arch），在搭的时候底板可以竖起来，搭好后再把底板水平放置，看看所搭的拱桥会不会坍塌。

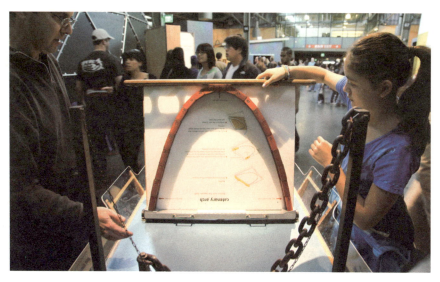

△ 大转轮上的小轮运动。

▽ 搭积木，只要整体的重心没有超出下层木板之外，上层的木板就可以继续向外伸展而不会坍塌，无论看起来是否超出了最底层木板的范围之外。

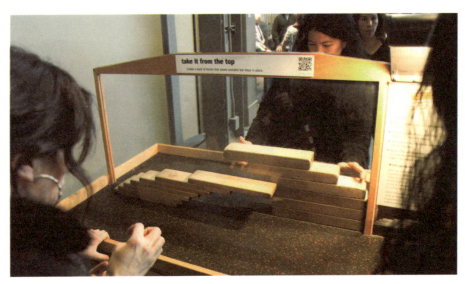

chaotic pendulum

混沌摆

粒子加速器（particle accelerator），通过摇动这个大玻璃球给球里面的小球加速，可以让小球越转越快。

△ 自行车轮做成的陀螺（bicycle wheel gyro），当车轮转动的时候，轮轴会自动
保持在一个固定的方向，要想改变轮轴的方向还需要费一点力气。

△ 摆的谐振

▽ 借助重力可以实现计算机的功能（gravity-power calculator），把一个球放在某一个数字处然后释放，它将滚出斜道，做抛物线运动，并最终落到一个位置。经过适当调整，这个位置所对应的数字，正好就是前一个数字的平方根。比如：从数字 16 处放球，这个球就会落到数字 4 的位置。

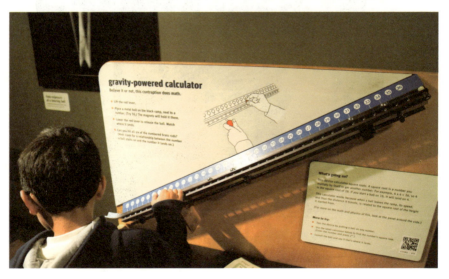

◁ 摆动着的沙漏在运动着的传送
  带上漏出一个波形

▽ 让中间的铁条摆动起来，再扳着木手柄让铁环转动，
  可以直观地表现傅科摆如何证明了地球在自转。

▷ 让一个铁片做的摆摆动起来，然后拉动手
柄减少铁片摆动部分的长度，会发现摆动
频率越来越快。这个实验非常过瘾，这位
小朋友乐此不疲，玩了几十次。

▷ 小鼠转轮

流体力学代表性的展品有：观众动手制造压力再通过释放压力制造冲天的水柱、突然倒转玻璃圆柱容器观察水与空气的混合变化、制造龙卷风、风吹沙漠等。

机械部分代表性的展品有：上发条的机械玩具、汽车传动齿轮箱、汽车差速器、骑自行车时的人体骨骼运动、机械钟、齿轮传动、皮带传动、机器二维绘画等。

◁ 倒转容器，让水与空气突然混合，看看会发生什么变化。

△ 模拟风吹沙漠，看看不同的风如何吹出不同的形状。这位妈妈在帮助女儿调整不同的参数，女儿则带着纸和笔做记录。

◁ 观众可以打气制造冲天的水柱　　　▷ 模拟龙卷风

◁ 带发条的机械小玩具

▽ 汽车差速器（differential）

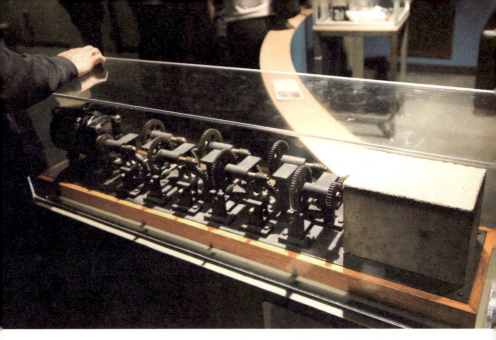

◁ 齿轮传送装置　　　　　　　◁ 皮带传送装置

原始的重锤作动力的机械钟

△ 原始的重锤机械钟（背面）

△ 机器画图

△ 声学代表性的展品有：音柱听音、可见波形（滚筒加吉它）、长筒传声等。图为可见波形,让吉它琴弦在一个滚动着的黑色背景下振动,其振动可以被清晰地看到。

音柱听音，不同长度的音柱发出不同频率的声音。

光学代表性的展品有：偏振光镜片产生遮光作用、人眼的盲区、明暗的错觉、展示可见光光谱、屏幕展现参观者的红外影像、牛顿的分光实验、颜色组合、多重影像、抛物面焦点会聚光能、视觉暂留造成电影效果、光学错觉（悬空）、光学错觉（立柱与人像）等。

△ 两片偏振光钢化玻璃镜片组合在一起，通过调整它们之间的相对位置，可以
　使镜片组合变成透明或不透明。

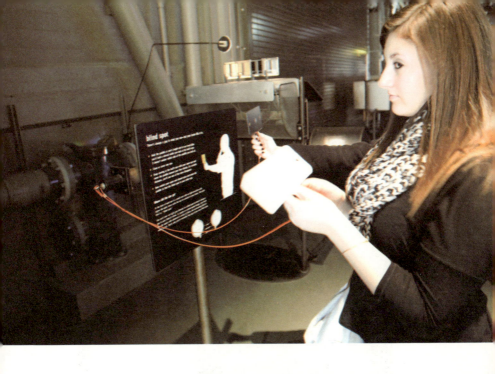

◁ 盲点（blind spot）实验

▷ 明暗错觉（bright black）实验

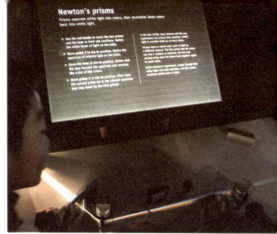

◁ 展示可见光光谱

▽ 红外感知成像

◁ 牛顿的三棱镜（Newton's prisms），分光实验，证明了白
　　光不是单色光。

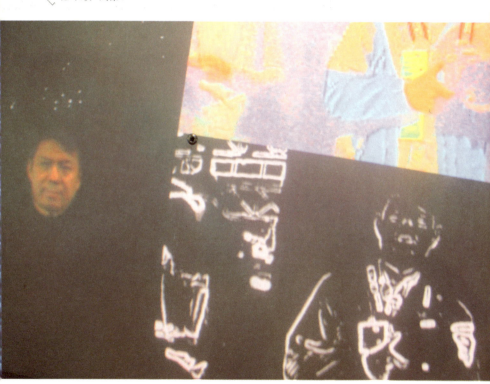

◁ 颜色合成实验

◁ 多重影像

◁ 抛物面聚光（hot spot）。
由于抛物面足够大，它所
会聚的光能的确能使处在
焦点处的手感到灼热。

▷ 另一种科技馆里常见的视觉暂留检验装置

▷ 奇特的视觉图形，立柱的间隙形成两两相对的人。

电学代表性的展品有：摩擦生静电、验电器等。磁学代表性的展品有：磁悬浮小地球（激光探测器做负反馈）、用铁屑演示磁力线、手摇发电机、脚踏发电机、通电线圈产生磁场、让磁铁运动产生电流等。

△ 磁悬浮的小球，通过水平方向的激光进行负反馈调节，使之很容易悬在空中。

△ 用磁铁可以吸引玻璃管中的铁屑

△ 抽拉磁铁产生电流

△ 手摇发电机（hand cranked generator），外壳是透明的，可以清楚地看到里面的线圈和磁铁。
产生的电流又可以通过电流计显示出来。

博物学代表性的展品有：树的年轮、海洋生物等。

△ 树的年轮

△ 浮游生物的芭蕾舞（plankton ballet）

◁ 脚踏发电机（pedal generator），发出的电点亮装置上面的各种灯泡。孩子们玩得不亦乐乎。

◁ 鸡蛋孵出小鸡 (live chicken embryos)

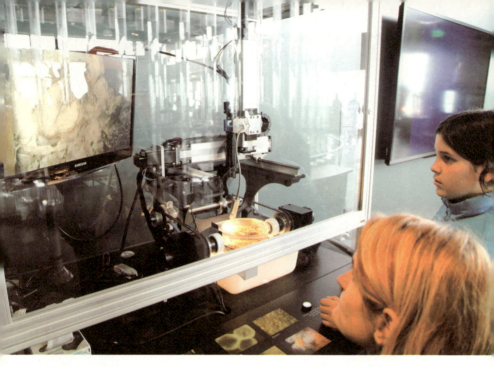

△ 显微镜下的细胞组织，放大了的像显示在大屏幕上。　　▽ 色字交错（color conflicts）

△ 双手隔着丝网相互抚摸有一种天鹅绒般的感觉

　　许多展品用料并不考究，但设计独特精到。比如，有一个展品叫做电芭蕾，用一块抹布在玻璃上擦着，下面的木屑皮就会跳起来。展品很简单、质朴，但很形象生动，一看便知是原创作品。

　　看到这些展品，好多好面熟啊！此前几个月里，我已经去过了国内好多特大型科技馆，发现它们的展品之间有许多雷同之处。现在才明白，它们许多可能都抄自或转抄自探索馆，因为探索馆的展品 90% 是原创的，只有 10% 是其他人的作品。

　　我们可以注意到，科学中心这种互动操作体验型展品比较擅长表现物理学原理和机械原理，不擅长表现数学、化学、生理学、博物学的东西。从上面的展品简介来看，探索馆尤其擅长物理学展品。这与该馆的创始人奥本海默本人就是物理学教师有关。但是，它确实卓有成效地展示了物理世界奇妙的方面，激发人们在玩乐中学习的热情和兴趣。

▽ 电芭蕾（electric ballet），当抹布在玻璃上擦拭时，玻璃下面的小木屑就会在静电的吸引下跳动起来。

△ 果蝇 DNA 的微小变化（small changes）

　　花了整整一天时间看完了这个面积很大的科学中心，简单总结一下。第一，重视原创是探索馆的立馆之本，而原创来自那些既有很高的科学素养又有很高的传播热情的研究开发人员。中国科技馆界应该注重培养自己的研发人才，不能单纯依赖专业公司搞外包。第二，寓教于乐、在玩中学是它的基本传播方法论，这个方法论已经被中国科技馆界所完全接受。第三，不同于传统的博物馆，探索馆由于拥有开发新展品的能力，因而能够不断更新展品，使之充满活力，也能吸引观众经常来。第四，它比较突出物理学，忽略了科学技术的许多其他学科领域，因此，我们学习它不能直接照搬它的展品，而是要学习它的精神。

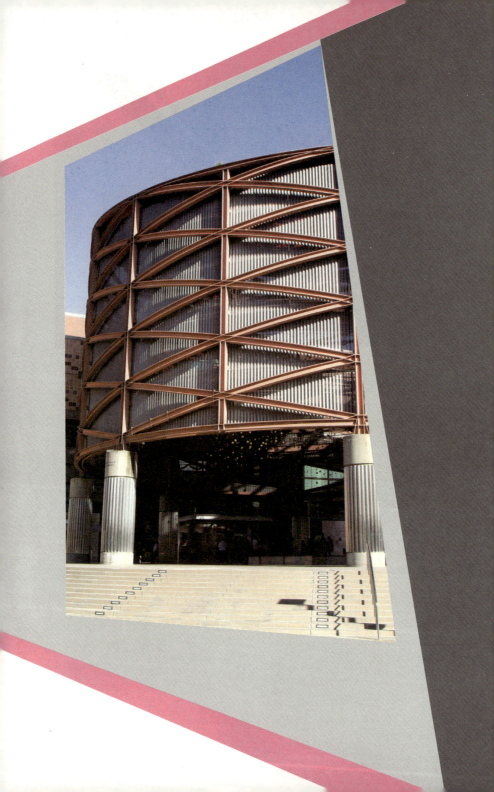

洛杉矶加州科学中心

CALIFORNIA SCIENCE CENTER

洛杉矶加州科学中心
CALIFORNIA SCIENCE CENTER

　　2013 年 12 月 28 日，参观完旧金山探索馆的次日，我来到了洛杉矶。这天气候温和，天高云淡，南加州的气候简直如春天一样。29 日参观加州科学中心（California Science Center）。该中心位于市中心南部的博览会公园（Exposition Park），与南加州大学（USC）隔马路南北相望。中心北面是博览会公园的玫瑰园，以栽种各种玫瑰花著名。西面是洛杉矶县自然博物馆。

▽ 加州科学中心外景

　　加州科学中心的历史可以追溯到 1912
年建成的州立博览大厅，当时主要展示本
州出产的农产品和工业品。二战后，中心
更多展示日常生活中的科学技术。1951 年，
大厅更名为"加利福尼亚科学与工业博物
馆"。1998 年改为现名，并被改造成一个以
互动展品为主的科学教育中心。目前的加
州科学中心有 4 个常设展区，分别是：生
命世界（World of Life）、创造世界（Creative

World）、生态系统（Ecosystems，2010年添加）以及奋进号航天飞机
（Space Shuttle Endeavour，2012年新设）。每个展区都有一个专为儿童
设立的发现屋。加州科学中心免费参观，除了奋进号航天飞机需要
两美元。

◁ 博览会公园的玫瑰花园

◁ 洛杉矶县自然博物馆。

▷ 生态系统（Ecosystems）

生命世界（World of Life）

从南门外买票进大厅，右手边是游客信息中心，左手边是观众商店，北门进来是麦当劳餐厅。乘扶梯上二楼开始参观，扶梯的顶上悬挂着美国空军的退役战机，以及一个科技馆常见的空中自行车。上到二楼，就见有人排大队，原来都是去看奋进号的。这个显然是中心的镇馆之宝，多数人是冲着这个来的。走道上有志愿者正在表演小实验，吸引一些小孩在看。我决定先看看传统的常设展区，等下午人少一些再去看航天飞机。

△ 奋进号——加州故事。

◁ 美国战斗机

◁ 探索商店

◁ 麦当劳餐厅

◁ 不同材质的自行车

▽ 自行车走钢丝（high wire
bicycle），自行车下方悬
挂着一个重锤，保证自行
车和骑车者所构成的系统
之重心总是低于钢丝，这
样不论骑车者有什么左右
摆动，都不会让自行车从
钢丝上掉下来。

由于刚看完旧金山的探索馆，我很担心紧接着看加州科学中心会有审美疲劳。但是还好，这里虽然同样是科学中心模式，但有自己鲜明的特点，决不会让人觉得是照抄探索馆。与探索馆相比，这里的互动展品尺寸明显较大，而且为生命科学专辟一厅，为探索馆所不及。

　　"生命世界"展区展示了从单细胞到人体的各种生命，标志是双螺旋模型。有一些显微镜可以使用，但主要还是展板，这是科技馆表现生命科学固有的不足。有一个孵小鸡温室，有耐心的话，可以看到小鸡从蛋中破壳而出的过程。还有一个模拟手术室，可以在一个人体

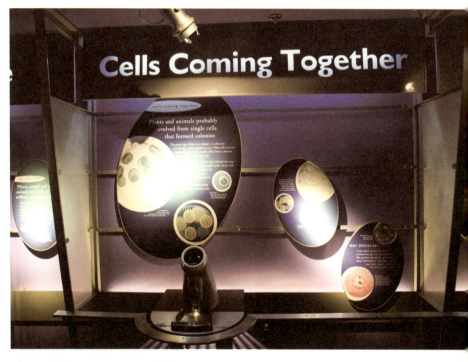

△ 显微镜下的细菌

模型的腹部安装的屏幕上看到打开了的人体内部。这是我头一次看外科医生做腹腔手术的录像，有点震憾。馆方也是考虑到有些人可能对此敏感，特别在手术室外立了一个警告，请敏感者慎重观看。

◁ 显微镜下的昆虫

▽ 病毒（viruses）

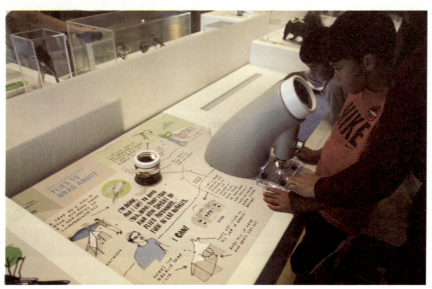

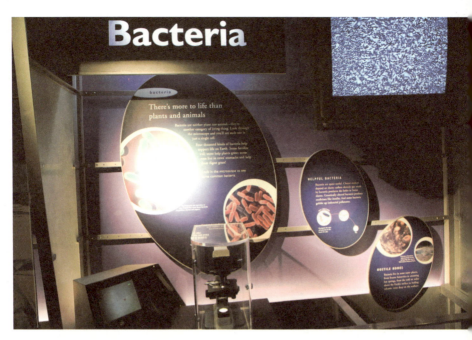

△ 细菌　　　　　▽ 病毒（viruses）

 生命的指令(Life's Instruction)，介绍 DNA 的相关知识。

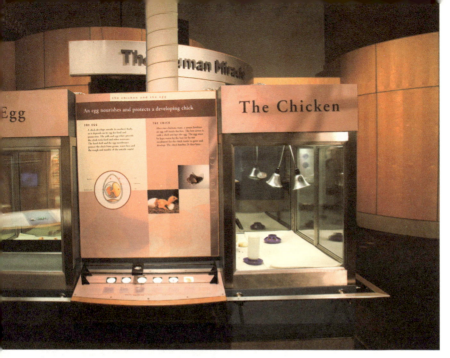

◁ 鸡蛋和小鸡

▽ 细菌复制的速度，面板上还有一个计算器，帮助观众计算细菌的繁殖速度。

◁ 小鸡雏

模拟手术室（surgery theater）

与"生命世界"紧挨着的是"设计区",在这里观众可以亲自动手搞各种各样的设计,比如建造一座塔或一堵墙、修建一个广场、设计一个过山车、设计不同的齿轮比以创造不同的速度、设计最快的下坡加速、制造一段乐音等。

◇ 设计区（design zone）

△ 设计区高大空旷，像是一个被废弃了的大车间。在整体黑暗的背景下，各展台有自己的工作光线，观众在这里可以安静地搞自己喜欢的设计。

▷ 这位成年人正在电脑前设计过山车（design a roller coaster）

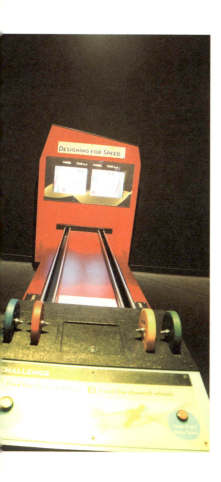

设计运动速度（designing for speed）

建造一堵墙

△ 制造电池（build a battery）

▷ 建设一个广场

◁ 建造一个高塔

△ 释放技术的威力

　　"创造世界"展区也是动手区，但更多地揭示应用科学所可能产生的技术力量。这里每一件展品的解说词总是以"你可以"（you can）开头，很有号召力。比如："你可以释放技术的威力，当你理解它背后的科学时"（You can unlock the power of technology when you understand the science behind it）。

　　交通区有汽车差速器和变速箱，有很大的风洞，以及风洞中机翼的运动、小帆船在人造风中运动等。解说词"你有能力移动小车，当你把光变成电的时候"的展品是将光能转变成电能，观众只要移动手柄，控制灯光照在小车的背部，就可以驱动小车运动。解说词"你有能力驱动马达，当你知道如何转动磁铁"的展品是手动控制电磁铁转动。还有关于不同能源选择的展品，提供乙醇、丙烷、电能、压缩天然气四种能源。还可以试着模拟驾驶汽车。此外还有地震屋、光学合成等常规物理互动展品。

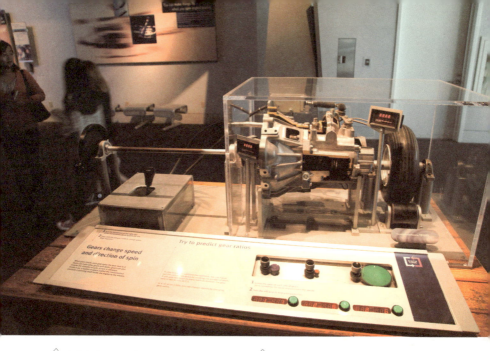

◁ 汽车变速器，观众可以自己计算速度比。　　▽ 当开动大风扇时，流线型机翼会上升。

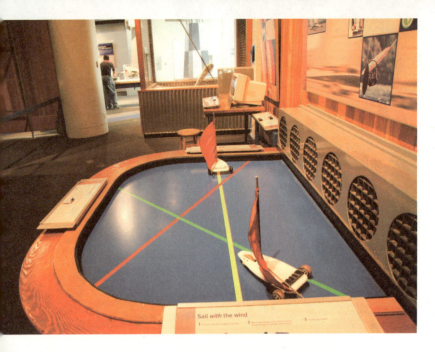

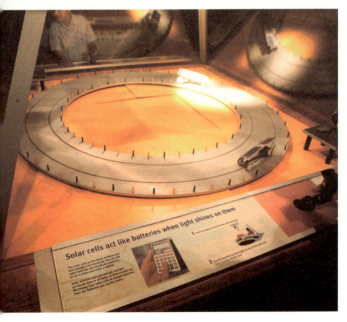

Solar cells act like batteries when light shines on them

△ 观众可以调整风帆的方
向，在各种不同的风向
中驾驶船只（sail with
the wind）。

◁ 观众调控黑色的手柄，
可以控制光柱对准圆形
轨道上的小汽车。小汽
车背面有光能电池，一
当光柱对准了汽车背部，
汽车就会因为被充电而
往前运动。

△ 通过按动按钮，让两个金属板浸入导电液体中，金属板间就会产生电势差和电流。这是伏打电堆的原理。

△ 按动按钮就会给周边的线圈通电，通电线圈会产生磁场，磁场会让中间的磁铁转动起来。这就是电动机的原理。

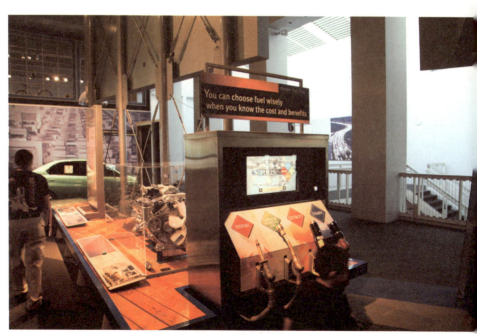

△ 计算不同燃料的燃烧值和价格，看看选择哪种更合算。

◁ 通过合成不同的光创造不同的颜色

▽ 光的反射、折射实验。

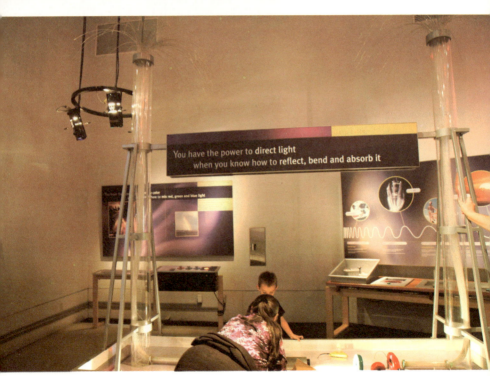

通过调整黑色旋钮改变光线的
方向，从而观察到光的反射、
折射现象。

转动旋钮，让盖革计数器接近不
同的放射源。幅射强度越大，计
数器发出的嘀嗒声音就越频繁。

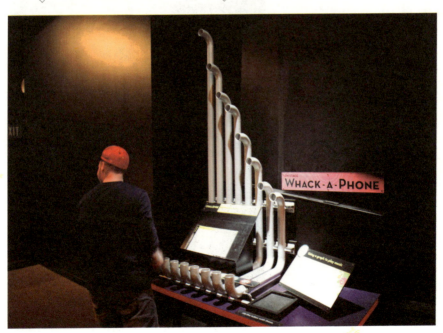

音乐组合（music mix） 听筒尝试（whack a phone）

移动与声音

无线电波（radio waves）的产生与接收

△ 声音穿过固体、液体或气体。　　▽ 长管传音

 搭建坚固的建筑，以防止地震。

▽ 搭拱桥

◁ 两只手触摸两块不同的金属板，中间的电流计
指针会发生偏转，表明它们之间有电流通过。

◁ 加固建筑物

▷ 风向可以改变沙漠
  上的景观

△ 生态系统展区

　　生态系统展区与航天飞机展区相连，有巨大的屏幕，滚动放映的大海、水生生物、森林、河流等壮观的自然景观。进到里面是一个小型的海洋馆，透过玻璃可以看到海底世界。观众可以动手制造海浪。生态系统展区里还有雪山、沙漠生态系统的展示。环境保护、处理垃圾也是本展区的常规项目。把生态系统展区放在航天展区旁边，一来是因为它们两个都是后来添加的新展区，二来则是响应时代的新要求：加州科学中心不仅重视航空航天，也重视生态环保。矛盾但又很现代。

▽ 成群的鱼

◁ 沙漠特有的植物仙人掌　　◁ 海洋生物的空间争夺战（fight for space）

在进入航天飞机展区之前，是一个预备展区，讲述"奋进号"与加利福尼亚的渊源故事。与航天和宇航员太空生活相关的一些东西也在这里展示。在一个巨大的屏幕上循环着放映退役的"奋进号"如何运回洛杉矶，当时洛城市民迎接奋进号的场景。奋进号航天飞机产自加州，退役后又告老还乡。荣归故里的时候，万人空巷，十分动人。

▽ "奋进号"退役之后运回洛杉矶的过程

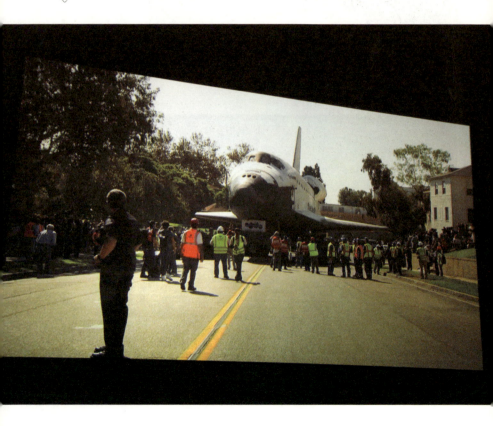

△ 屏幕上放映"奋进号"退役之后运回洛杉矶的过程

　　最后进入了奋进号展区。这是一个巨大的仓库，里面安置着庞大的"奋进号"航天飞机。下面有许多说明牌，具体讲述航天飞机每个部位的结构、功能。展区的四周有一些简单的模型，可以让观众动手制作航空航天器，也学习一些空气动力学知识。

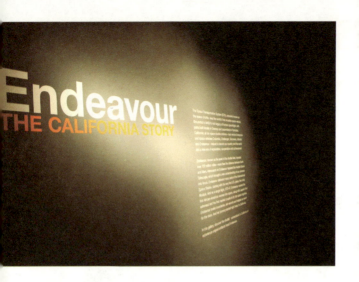

▽ "奋进号"——加州故事。

▽ "奋进号"尾部推进器

▷ 巨大的"奋进号"航天飞机

◁ 观众可以动手制作折纸飞机和火箭模型。

▽ 航天飞机主发动机。

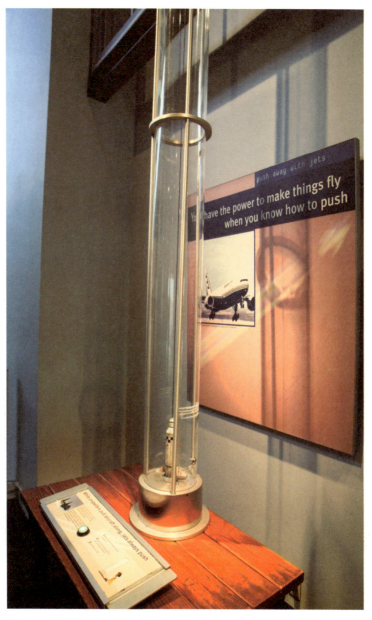

△ 观众也可以按动按钮发射"火箭"

可能由于奋进号航天飞机驻扎此地的缘故，科学中心内部装饰了许多航空器和航天器，有回收舱、登月舱、火箭发动机等实物，吸引了许多观众。

◁ 回收舱

◁ 回收舱　　　▽ 阿波罗计划使用过的回收舱

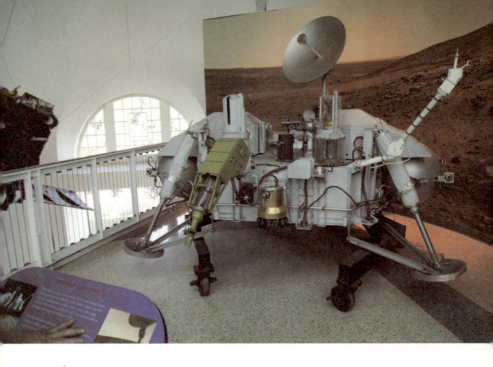

　　看完科学中心，时间尚早，便去邻近的洛杉矶县自然博物馆参观。该馆要收票，成人 12 美元。

　　里面的标本做得很好，栩栩如生。有一个讲解员正在大厅里讲乌龟的故事，吸引了很多听众。她的前面是一只活龟。

　　恐龙骨架和化石向来是自然博物馆的看家之宝，动物标本做得非常精致、栩栩如生，与背景融合成一体。这家自然博物馆里不仅收藏了动植物和矿物标本，还有早期开发洛杉矶的先民们的技术遗产，所以不只是收藏自然物品，还有大量的人工制品（比如采油机、汽车、铁路路灯、猎枪）。不仅是展示藏品，还有少量的互动展品。自然博物馆与科学中心比邻而居，弥补了科学中心无收藏的缺憾。

◁ 老虎与斑马标本   ▽ 斑马与羊驼标本

△ 鸟类标本　　▽ 鸵鸟标本

◁ 狮子标本　　　▽ 美洲野狼标本

◁ 大象与长颈鹿标本　　　▽ 海豹标本　　　▽ 松鼠标本

◁ 大猩猩标本

◁ 动物标本与恐龙骨骼

◁ 豹子标本

◁ 海龟秀

◁ 加拉帕戈斯岛龟骨骼（Galapagos Tortoise）

▷ 猛犸象化石

◁ 鸟类标本与恐龙骨骼

△ 恐龙化石

△ 矿物标本

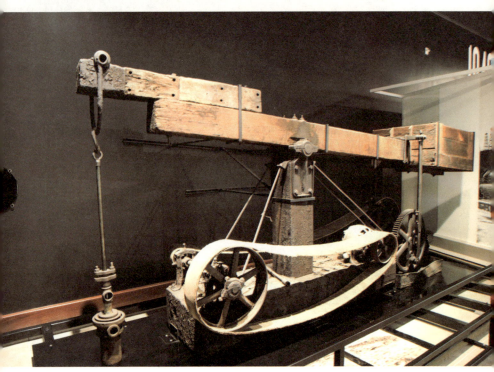

◁ 1889 年制作的钟表表盘，曾经悬挂在洛杉矶县政厅。

◁ 打井机械

△ 华盛顿出版社的印刷机及旧报纸

芝加哥
科学工业博物馆

MUSEUM OF SCIENCE
AND INDUSTRY

芝加哥科学工业博物馆

MUSEUM OF SCIENCE AND INDUSTRY

2013 年 12 月 31 日，旧年最后一天。芝加哥冰冻三尺，下午还下起了大雪。我和华中师范大学的赵老师（她正在美国访学，研究儿童科学教育）一起参观了芝加哥科学工业博物馆（简称科工馆）。这个科技馆给人总的感觉，用现在流行的话说叫做"高大上"（高端大气上档次）。不夸张的说，这是我看过的硬件条件最好、最有气派的科技馆，规模在西方国家也能名列前茅。耗资 18 亿人民币的广东科学中心在硬件方面与之有类似之处，但布展方面（从设计理念到展品原创）则有所不及。

△ 科工馆外景

　　科工馆位于芝加哥市区的南边,密歇根湖边南湖畔路(South Lake Shore Drive)上,西边与芝加哥大学毗邻,从市区乘 2 路、6 路、10 路公交车或者地铁可以到达。除了感恩节、圣诞节,其余时间全年开放。

　　科工馆现址建成于 1893 年,是为这一年的世界哥伦布博览会而修,当时称美术宫(The Palace of Fine Arts)。1911 年,芝加哥大企业家朱利叶斯·罗森沃尔德(Julius Rosenwald)参观慕尼黑德意志博物馆,受到启发,立志在家乡也创立一所类似的博物馆。1926 年,他出资 300 万美元,意图在美术宫创办一个工业博物馆。1933 年,科工馆建成并正式开放。自开放以来,科工馆共积累了 3 万 5000 件展品,接待了超过 1 亿 8000 万人次的观众。

科工馆展厅较多、面积较大，内容既包括科学中心模式常见的采用现代先进技术设计的互动展品，也包括工业和技术遗产展品。在后一方面，科工馆有几件镇馆之宝：第一是二战时期美国缴获的德国 U-505 潜水艇，第二是仿真煤矿矿井，第三是 NASA（美国国家航空航天局）回收的航天器，第四是真的火车头以及整列火车。这后一方面是中国的科技馆比较缺乏的，特别值得关注。

　　虽然这天天气很冷，但参观科工馆的人异常之多。门票也不便宜，潜水艇、矿井以及球幕剧场都需单独买票。我们买了一个套票，除了门票外还可以看两处收费展厅，我计划先看一下矿井，再看潜水艇。

△ 人们正在接待大厅里排队买票

△ 科学风暴展厅，远远望去，里面设备高大，十分震撼。　　　▽ 圣诞树与彩灯

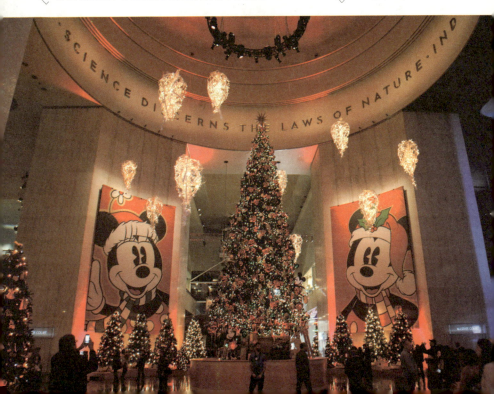

圣诞节的气氛仍然很浓。在高高的中央大厅里，摆着一棵高大的圣诞树。两边的迪斯尼标准头像也提示着馆里有它们的特色展品。

右边是"科学风暴"（science storm）展厅。这是科工馆的经典展厅，就从这里开始参观吧。

进门一个高大的傅科摆，摆下方的圆圈边有可倒下的标志棍，显示出你在馆期间傅科摆的方向确实发生了移动，而且可以给出移动量。这比国内许多傅科摆想得周到。你如果只看到它在来回摆动，摆面上没有任何标志，那就不能直观地证明地球在自转。

◁ 傅科摆

龙卷风形成演示

△ 巨大的流沙盘

　　门口远远就能够看到的龙卷风的形成演示，实在是太高大了。转动着的流沙盘也是无比巨大，远看还以为是木星表面的巨屏。而且，这个巨大盘面的转动速度居然是可以让观众控制的。在转动沙盘的下方有很大的牌子，说明沙子何以在风中能够形成不同的形状。尤其让中国观众感到亲切的是，这里还贴上了敦煌鸣沙山月牙泉的图片，作为风力形成奇特沙丘形状的典型例证。

◁ 流沙盘旁边的展示牌上
　印有中国敦煌附近的鸣
　沙山和月牙泉的照片，
　以显示风力对于沙漠地
　貌的塑造作用。

可充气热气球，气球体积巨大，效果震憾。

附近是一个可以让观众操作、采用加热方式控制一个巨大热气球升空的装置。还有以光线照射太阳能电池板来驱动小汽车运动的装置。从前看过的馆也都有，但没有这么大。演示海啸成因的展品，也很巨大。风暴厅的一楼都是一些尺寸超大的互动展品，给参观者非常震憾的感受。

◁ 巨大的牛顿摆

一楼地面上有巨大的波纹影子，开始还不太明白怎么回事。等上了二楼就明白了，原来一楼的波纹投影是从二楼一个装置中产生的。装置中间是一个振动发生器，可以由观众控制。这个振动从水面上向四周传播开来，有缝处作为波前继续向外传播。这个装置可以很直观地表现振动和波的传播现象。

▷ 一楼地面上的巨大波影　　　　▷ 二楼上的水波发生器以及一楼的波影

二楼有更多高大上的展品。比如伽利略的斜面实验演示，其斜面之长应属世界各大科技馆之冠。这个超长的斜面也可以由观众借助电脑系统轻松控制，改变坡度。观众还可以先在旁边的计算机上算出滚球的运动时间，再启动滚球装置进行检验。还有一个巨大的抛物运动实验装置，球从大厅的这一头凌空抛出，抛到大厅的另一头。这个也可以自行计算轨道然后用装置来检验。科学风暴展厅的核心区是巨大的雷电发生器，吸引了许多观众，引来一阵阵惊叫声。

▽ 超长的斜面

▽ 观众可以操作斜面的控制终端进行数据设置和计算，再完成斜面实验，非常有趣。

△ 巨大的抛球运动装置实验终端，通过设置相关参数，控制球的角度和速度以击中目标。

▽ 科学史方面的背景知识介绍：伽利略对于抛物运动的研究。

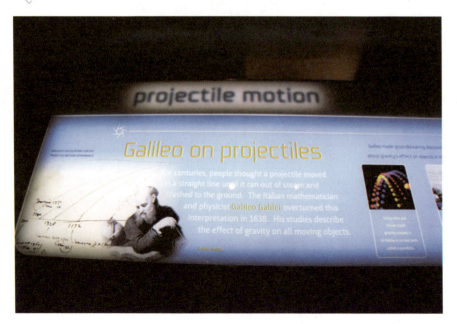

△ 巨大的人工闪电，响亮的噼噼啪啪声让人兴奋和难忘。

◁ 讲解员在讲解雷电发生的原理

△ 巨大的海浪发生器。

◁ 在气流吹拂下，气球可以悬浮空中。

科学风暴在通过互动展品展示化学知识方面也有创意。比如，可以手动操作实现水的三态转变，还特别提到正是诺奖得主鲍林（Linus Pauling,1901-1994）在 1935 年发现了冰的晶体结构。再比如，演示各种流体的混合，显示混合与化合的区别。还有，从日常食品入手，介绍化学知识；用实物展示元素周期表也很有创意。

▽ 按不同按钮可以实现水的三态转变，每种物态都有相应的温度显示。左边的标牌上还写明，被称为"冰人"的鲍林是诺贝尔化学奖得主，他在 1935 年最早揭示了冰的结构。

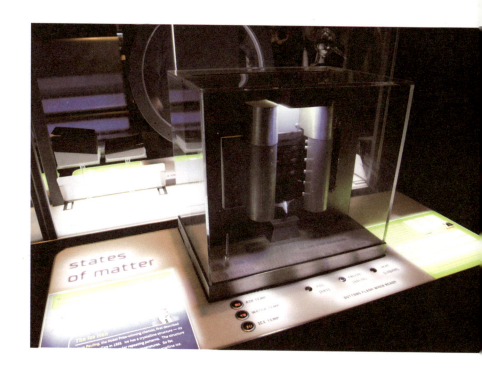

△ 巨大的元素周期表，每个元素位置都有相应的实物陈列，使观众对该元素有直观的印象。

△ 控制按钮让玻璃容器摇动以将不同比重的液体混合，观察它们如何分离。直观地演示比重概念。

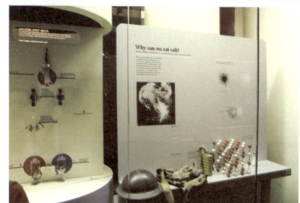

◁▷ 元素和化合物

◁ 为什么我们能吃盐

◁▽ 碳的合成，碳是化学工
业的基础。

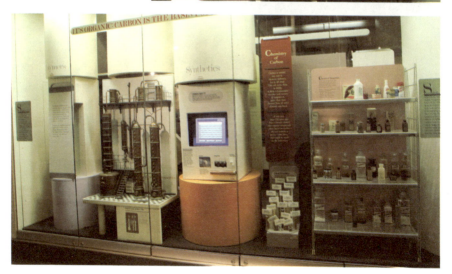

二楼除了大型互动展品外，还有许多历史藏品，比如老式机械钟、指南针、望远镜、显微镜、照相机、电风扇、电器元件、起电机、风速计、量热器等。互动展品也注重介绍相关科学知识的历史由来。在楼梯处，有一个小一点的傅科摆附有关于傅科的生平介绍。在楼梯间，展示了各种齿轮连接模式，还有古希腊时期希罗的玩具蒸汽机模型、近代的蒸汽提水机模型、蒸汽机发展早期出现的各种蒸汽机模型。这些模型都可以在观众的操控下运动起来。

▽ 仪表

▷ 老式钟表，用重锤做动力。

▷ 旧式仪器设备：钟表、电熨斗、电灯泡等。

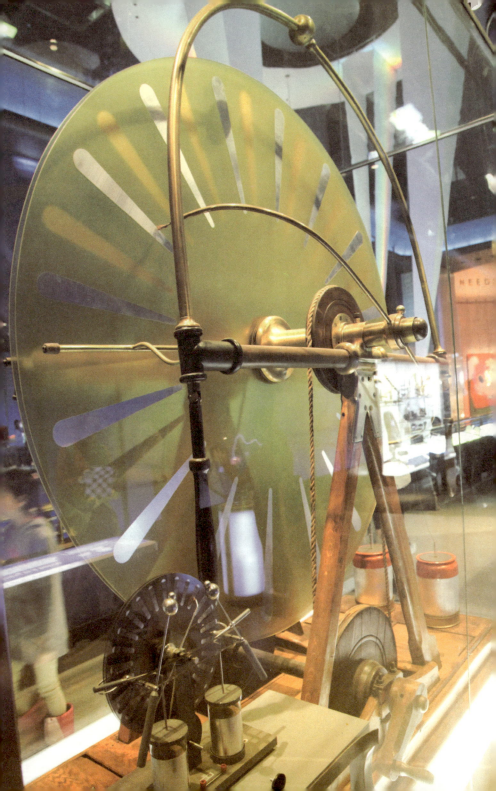

◁ 各式各样蒸汽机模型

◁ 各式各样的风速计

◁ 巨大的老式起电机

看完了科学风暴展厅，开始参观仿真煤矿。仿真煤矿是科工馆 1933 年首次开馆时就对外开放的经典展区。外面是一个巨大的卷扬机，后面是电梯，我们将乘电梯下到地下。在地下，是逼真的煤矿实景，有履带式运煤机，有挖掘机，也有带着安全帽的煤矿工人。坑道时宽时窄，有的地方机器轰隆。讲解员讲得绘声绘色、神采飞扬。这是欧美国家讲解员的特点，很有个性，很有表演天赋，并且热爱自己的工作，富有创作的激情。也许儿童会喜欢这个地方，但对我来说，煤矿展区给人感觉一般。如果想知道美国采煤业的情况，这个地方倒是给出了全方位的信息。

▽ 煤矿入口处的卷扬机

煤矿入口，由于地下空间有限，观众需要定点参观，每次人数有限额。

◁ 煤矿中的地下运煤火车　　　▽ 解说员正在给观众讲解

仿真煤矿中的运煤履带

看完煤矿，便去参观与"科学风暴"厅对着的"交通馆"（Transportation Gallery）。这个馆实际上包括了"大火车的故事"（The Great Train Story）、"莱特飞机""模拟飞行"几个厅，里面有实物加模型的飞机、火车、汽车。有一个蒸汽机车车头模型，尺寸原大，而且可以让它动起来。原始的"密西西比号"蒸汽火车头，让我们知道当年火车的尺寸是很小的。有一个火车、汽车、轮船综合展示的巨大沙盘模型，其中火车是可以在轨道上动的，模型非常精致、非常逼真。交通馆的空中悬挂着巨大的波音飞机，里面有莱特兄弟的第一架飞机，莱特飞机所在的小厅顶上写着早期飞行器发明家的名字。2003 年，为了纪念莱特兄弟发明飞机一百周年，在科工馆外的草坪上，用莱特第一架飞机的复制品进行了成功的表演飞行。除了实物或模型外，还有一些互动展品，比如蒸汽机车的活塞模型是可以让观众动手操作的。

▽ 交通馆高大空旷，许多旧飞机被悬挂在空中，地面上则有旧式火车，全都是重要的工业遗产。

▷ 1829年斯蒂芬逊制造的"火箭号"火车复制品（1931年由英格兰斯蒂芬逊公司复制），
观众可通过按钮驱动火车头的活塞运动起来，可以观察蒸汽机如何驱动车轮运转。

▷ 1825年斯蒂文斯制造的斯蒂文斯号火车头复制品，1928年由宾夕法尼亚铁路复制。

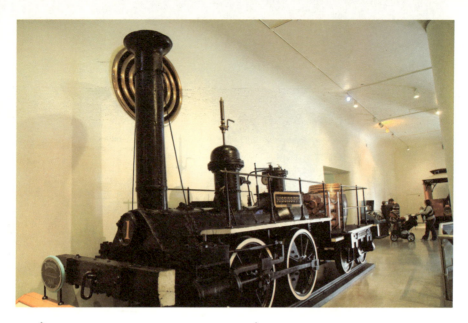

△ 1834 年制造的"密西西比"号火车原件

▽ 莱特兄弟制造的第一架飞机，基本材料是帆布、钢丝绳、木板。

◁ 馆中开设飞行学校，观众可以参加模拟飞
行学习，上图是驾驶舱入口。

▷ 莱特兄弟制造的第一架飞机的尾部

老式蒸汽机车头内部

联合运输沙盘

看完交通厅，去看德国 U-505 潜艇。这个二战中被美军缴获的战利品，1954 年被引进科工馆。当时是先把潜艇运进来，再为它盖房子。因为有电影表现这一战况，许多观众很有兴趣。我循常规把潜艇从里到外看了一遍，但除了对潜艇内部个别技术细节如机械计数器、潜望镜等有兴趣之外，其他感觉一般。对军事战争史有兴趣者会很喜欢这个地方。我匆匆看了一下，抓紧时间继续看下面的"空间中心"。

▽ U-505 潜艇

△ U-505 潜艇   ▽ U-505 潜艇上的高射机枪

◁ U-505 潜艇的驾驶室

◁ 潜望镜, 观众都很有兴趣看一看。

△ 模拟的海战场面

1971年，阿波罗8号航天舱进驻科工馆。1986年，空间中心（Space Center）建成开放。空间中心里摆满了高大的火箭，顶上悬挂着航天器以及航天员模型。阿波罗8号航天舱吸引了许多观众留影。登月场景做得栩栩如生。旁边有可以动手的火箭发射展品。火箭先驱戈达德与他的火箭有专柜陈设。

▽ 空间中心入口处

◁ 阿波罗 8 号的指令舱　　　▽ 阿波罗计划的登月舱模型

▷ 观众们在宇航服下照相留念

看完空间中心，继续看"发明未来"（Inventing the Future）厅。这个厅都是一些高技术展示，比如观众用手去抓屏幕上的蝴蝶，而蝴蝶真的可以躲避；一些新概念的汽车；新材料的裙子等。

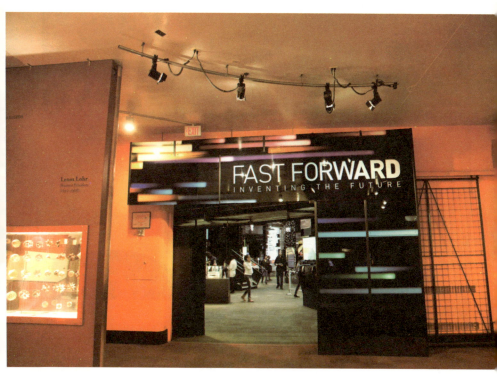

△ 发明未来厅入口

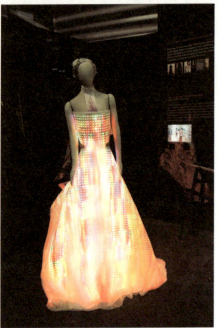

◁ 新概念汽车

◁ 新材料礼服

◁ 飞舞的蝴蝶

看来未来厅接着看"遗传学：编码生命"（Genetics: Decoding Life）厅，里面的孵小鸡展品是 1956 年引进的，至今令观众称奇。观众还可以亲自动手进行数字模拟动物克隆。这个厅的互动展品很有创意，对科技馆里如何表现生命科学的知识有启发。

▷ 编码生命厅入口。

▷ 这些动物已经被克隆了吗？

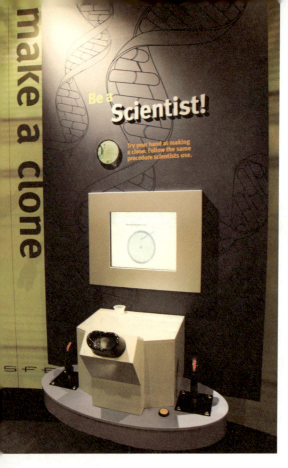

 亲自动手，像科学家那样克隆吧！

刚孵出的小鸡

△ 虚拟胚胎

　　科工馆展品太多，时间太紧。加上这天是旧年年尾，科工馆提前1小时闭馆，使得后面几个展厅看得很潦草。还有几个小厅如"地球""传声"等没有来得及看就到了闭馆时间，只好不无遗憾的出来了。美国第一台柴油内燃机车整列火车就排放在入门大厅里，成为观众进门第一道壮丽的景观。

　　走出科工馆，外面正下着大雪。一天时间太紧，都没有来得及到外面照一张外景。等到闭馆，天色已暗。

△ 美国第一台柴油内燃机火车整列置于馆内

芝加哥科学工业博物馆的互动展品部分，尺寸大、有视觉冲击力，设计也很别致新颖。技术制品和工业遗产部分是它的强项，有不少镇馆之宝。中国的科技馆事业发展过程中，漏掉了科学工业博物馆这个环节，使得中国的科技馆过分关注互动娱乐和高新技术，缺乏历史感和文化品味。中国的科技馆在未来发展过程中，应该补上这一课。没有历史收藏，就没有文化品味。科技类博物馆，应该有科技类的收藏。

◁▽ 户外大雪

西雅图
太平洋科学中心

PACIFIC SCIENCE CENTER

西雅图太平洋科学中心

PACIFIC SCIENCE CENTER

　　我于2014年1月5日参观了西雅图的太平洋科学中心。这是一个规模较小的科学中心，位于西雅图的地标建筑"太空针"（Space Needle）旁边。刚刚看完芝加哥科学工业博物馆那些高大上的展品之后，这里就显得比较小儿科了。但是，芝加哥科工馆那样的大馆毕竟是少数，小馆只要有自己的特色，也一样受人欢迎。

　　地标建筑"太空针"是1962年为世博会而建，位于西雅图市中心的西北边。像所有的科学中心一样，这家科学中心的自我定位也是激发所有年龄的观众对自然的好奇心和探索科学的热情，激发创新性思维，实现终身学习的目标。1962 年的世博会成为它的起点。继承了那届世博会的遗产，太平洋科学中心成为美国第一家按照科学中心模式建造的博物馆。2010 年，科学中心成为西雅图的城市地标。2012 年庆祝了它的 50 周岁。

△ 太空针

中心外面有一个展区叫做"声音之花"（Sonic Bloom），是由西雅图市电力公司捐资的。五朵高大的花朵上安装有太阳能电池，每当有人路过，它就哼起乐声，24 小时不间断。另一边的户外，是水上项目。

△ 声音之花

△ 户外的水上项目

进入大厅，越过接待区，可以看到恐龙展区。然后是天文馆，里面正在放映。剧场外面有天文学和航天方面的展品，包括全球定位系统的工作原理、八大行星模型（左起分别是水星、金星、地球、火星、小行星、木星、土星、天王星和海王星）。行星模型设计得很精巧，每个球都可以绕轴转动，而且大小与原始尺度成比例。有可以晃动的航天舱模型，供小朋友去玩。

◁ 接待区

◁ 恐龙模型

△ 威拉德·史密斯天文馆。

▽ 八大行星模型做得十分别致，每个星球下面的展示板上标明了该星球的基本参数。

◁ 工作人员在引导小观众排定行星的尺寸大小

▽ 左边展品是活动星图, 帮助观众识别星座; 右边展品讲
解月相的变化。

▽ 天文馆外边有一个小型的航天舱模型

展厅中间有一个直径 6 英尺（1 英尺 = 0.3048 米）的完整的球幕，运用投影机展示大气、海洋和陆地。附近有坑坑洼洼的地球仪、风吹沙、不同行星引力下的不同重量（外表相同的四个圆柱但重量很不相同，以来表示同样质量的物体在不同星球上有不同的重量，观众可以拿起来掂量一下）、潜望镜、红外摄影等常见的互动展品。

◁ 球幕

◁ 风吹沙

本展品展示同一物体在不同行星引力下拥有不同的重量，观众可以尝试提一提这四个表面看来相同的东西（实际上当然是不同的材质），看看它们在不同的星球上会有怎样的重量差异。

地球仪

潜望镜

往前是专供小孩玩水的展区（Just for Tots），一个微型水域；以及展示华盛顿州西北地区生态系统的展区，观众可以把手伸进水池里接触鱼类，里面还有西雅图近海的生物，小孩可以伸手感受一下水母的光滑柔软。

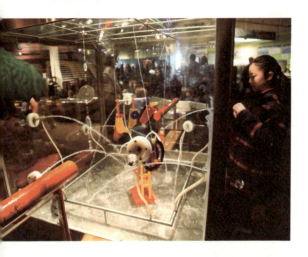

▷ 专供儿童玩水的展区

▷ 展示华盛顿州西北地区生态系统的展区。

Loft-a-Palooza!

PUSH/PULL
to power up your ball

Wait 20
seconds to let ball
to before
pumping

可以手动操作的热气球

再往前是一些常规的互动展品，包括热气球、机械钟、气味发生器等。在一个角落里专门有一个隔离出来的不大的展区，名叫"健身教授保健学院"（Professor Wellbody's Academy of Health & Wellness），有一些关于人体、健康等方面的展示。还有一个关于鼹鼠的展区，活蹦乱跳的鼹鼠在一个特定的管道装置里跑来跑去。

▽ 气味发生器

◁ 裸鼹鼠

▽ 睡眠钟

科学中心虽然面积不大，但内容比较丰富。除了可以在生态池里摸到鱼、看到活的鼹鼠，还有一个完全封闭的热带蝴蝶展区，里面有各种各样颜色和形态的蝴蝶，这是太平洋科学中心一个很大的特色。

◁ 热带蝴蝶展区

◁ 热带蝴蝶展区中的蝴蝶

在IMax影院外面的走廊里，有许多机械互动展品，比如千里传音、机械联动装置、小孩眼中的桌椅大小等。当然，这方面的展品跟芝加哥和旧金山探索馆都无法相提并论。

◁ 千里传音

机械联动装置

我们在巨幕影院（imax）里看了一场"落基山快车"，效果很惊人。看完电影之后，又随观众被动地参观了一个展厅。其中有一个展示人类如何走出非洲的形象演示给我很大的启发：观众转动一个转盘，代表着人类种群的屏幕上的白点就开始扩散，非常生动地展现了人类如何走出非洲的时间历程和空间分布。

◁ 落基山快车

◁ 展示人类如何
　 走出非洲的形
　 象演示

△ 夕阳下的西雅图湾区

　　西雅图很美，太空针在湛蓝的天空背景下亭亭玉立，不时有鸟儿从太空针下飞过。走出太平洋科学中心已经是黄昏时分，走到奥林匹克塑像公园，湾区风光尽收眼底。夕阳把西雅图市区照得通红。

走向科学博物馆

中国的科技馆事业正在进入快速发展时期。公众参观科技馆的意愿越来越高，各级政府投资兴建科技博物馆热情也很高。然而，什么是科技馆？应该以何种路径发展科技馆？这些基本的理论问题还没有引起足够的关注。基本的理论问题没有达成共识、甚至处在无意识状态，我们的发展就有盲目的危险。

可以肯定，科技馆是一种来自西方发达国家的文化制度，要解决这些理论问题必须先正本清源，回到西方的语境之中，考察它的历史由来和发展历程。然而问题在于，迄今为止，我们日常习用的"科技馆"或"科学技术馆"等名称还没有官方正式发布的英文名称，以致于我们甚至无法肯定"科技馆"是否是博物馆，以及如果是的话，它对应的是哪种博物馆类型。

在西方国家，广义的科学博物馆（Science Museum）包括自然博物馆（Natural History Museum，简称 NHM）、科学工业博物馆（Museum of Science and Industry，简称 MSI）、科学中心（Science Center，简称 SC）三种类型，狭义的科学博物馆往往专指其中的第二类即科学工业博物馆。中国科协下属的中国自然科学博物馆协会目前下设自然博物馆、科技馆、自然保护区、水族馆（动物园、植物园）、天文馆、专业科技博物馆、湿地博物馆、国土资源博物馆等专业委员会。按照这个组织架构，似乎我国的"自然科学博物馆"相当于西方广义的"科学博物馆"，而"科技馆"，就目前全国各地实际的科技馆建设方案来看，不搞收藏、专门展出互动展品，则相当于西方的"科学中心"（比如广东省就称"广东科学中心"而不称"广东省科技馆"）。这样一来，我国的科学博物馆事业中就可能漏掉了综合的"科学工业博物馆"这个环节。

我认为，关注"科学工业博物馆"这个环节，是中国科学博物馆事业发展中的题中应有之义。走向科学博物馆，回归科技馆的博物馆本性，是未来中国科技馆事业发展中不可忽视的一种思路。

一 什么是科学博物馆

科学博物馆首先是博物馆。什么是博物馆？博物馆的基本功能是收藏、维护、展览，同时又要发挥研究、教育和娱乐的作用。在历史的发展过程中，博物馆的功能和定义发生了很多变化。传统上，博物馆是行使收藏、维护和展览功能的非营利性的常设机构：强调

"常设功能"是要与博览会相区别，强调"非营利性"是要与娱乐场相区别。此外，现代博物馆越来越强调自己的教育功能，但它是一个非正式教育场所，与正规的学校教育不同。科技博物馆本身也有变化。科学中心、天文馆可以不收藏。收藏的也不一定只是标本，也可以看活的东西，比如动物园、水族馆。这些场馆现在也被归入科技博物馆的行列。

总的来说，从内容上讲，博物馆有三大类别：艺术博物馆（Art Museum）、历史博物馆(History Museum)、科学博物馆(Science Museum)。在发达国家，科学博物馆的观众数量增长很快，直追传统的艺术博物馆和历史博物馆。

科学博物馆有广义和狭义之分。正如前面所说，广义的科学博物馆有三个大的类别：第一个类别是自然博物馆，收藏展陈自然物品，特别是动植矿标本，观众被动参与；第二个类别是科学工业博物馆，收藏展陈人工制品，特别是科学实验仪器、技术发明、工业设施，观众也是被动参与；第三大类别是科学中心，通常没有收藏，但观众是主动参与，通过动手亲身体验科学原理和技术过程。狭义的科学博物馆指的是其中的第二种，区别于自然博物馆和科学中心。

我国的"科技馆"目前走的就是科学中心的道路，但是始终没有采用科学中心的名称，只有广东明确打出旗号叫广东科学中心，其他地方都还叫科技馆。

关于这三个类别的科技博物馆，在我国有一个广泛存在的认识误区。有些人认为上述三个类别是科技博物馆发展历史的三个阶段：自然博物馆活跃于 17、18 世纪，科学工业博物馆馆活跃在 19 世纪，科学中心活跃在 20 世纪。这当然也不错，但我们要注意到，历史上三种类别的科技博物馆虽然有历史先后的顺序关系，但是，新的类型出来之后并没有把老的类型取代掉。科学工业博物馆出来后，自然博物馆没有被取代。同样，科学中心出来之后，科学工业博物馆也照办不误。因此，我们要认识到，三大类别的科学博物馆既是历时的又是共时的："历时的"，是历史上先后出现的；"共时的"，后者并不取代前者，而是各有所长、相互补充、相互借鉴、相互渗透。比如，今天的自然博物馆和科学工业博物馆都大量采纳科学中心的互动体验方法来布展，改变了传统上观众被动参与的模式。

在中国科学博物馆的发展过程中，我们跳过了科学工业博物馆这个环节，直接走向科学中心类型。这个做法也许有它的历史合理性，但是，我们也要反思它的问题。缺乏科学工业博物馆这个环节，可能使我们忽视科学技术的历史维度和人文维度，单纯关注它的技术维度。

二 科学博物馆的历史由来

博物馆（Museum）是现代特有的文化机构，但其词源是希腊语的 Mouseion。

Mouseion 原意是供奉智慧女神缪斯（希腊语 Mousai，拉丁语 Muses）的神庙。托勒密王朝统治下的埃及亚历山大城曾经建有一个被命名为 Mouseion 的文化机构。它包含有图书馆、动物园、植物园和研究所，收留学者在这里开展科学研究，大体相当于我们今天的科学院，并不是现代意义上的博物馆。科学史界通常将之音译为"缪塞昂"，或译成"缪斯宫"，而不译成"博物馆"。

现代意义上的博物馆起源于文物古玩的收藏传统。收藏之风自古皆有，中外皆同，王公贵族、帝王将相都有此爱好。古希腊和古罗马时代，人们常常在神庙里供奉稀有之物。中世纪这一传统似乎中断，但据史载，在有些修道院里也有关于植物标本、化石、矿石和贝壳的收藏。

文艺复兴时期，对古代书籍和古代遗物的收集成为时尚。新大陆的发现和世界航路的开辟，使欧洲人眼界大开，来自异域的奇珍异宝为达官贵人们所亲睐。印刷术的发明，使得收藏家之间可以便利地传播和交换各自的藏品目录。到了 17、18 世纪，私人收藏极为盛行。

现代意义上的博物馆是现代性的必然产物。何谓现代性？现代性是现代社会的发展所遵循的、借以区别于前现代社会的基本原则，它至少包含人类中心主义的原则和征服自然的原则。作为征服自然的战利品，各种动物、植物和矿物标本被采集和收藏，成为博物馆的第一批藏品。

从现代性的角度看，博物馆是干什么的呢？为什么博物馆这种文化制度只出现在现代的欧洲，而没有出现在古代希腊或中国？我认为，首先一点，博物馆是现代性自我生成、自我确认的场所。出国旅游的人都知道，西方的博物馆是西方社会的典型文化景观。旅游不看博物馆，基本上遗漏了核心的人文景观。一个人看博物馆的多少，意味着他进入现代性的程度和深度。我们中国人出去玩很少看博物馆，我们没有养成看博物馆的习惯，那是因为我们尚未进入现代，尚未成为现代人。

为了理解博物馆是现代性的生成和维系场所，是现代社会合法性的生产场所，我们只须举一个例子就可以看得很清楚。我们中国并不是没有博物馆，我们中国人其实也看过一些博物馆，但我们拥有的和看过的大多数是革命博物馆，这正是我们的政治课所要求的捍卫革命神圣性和合法性。通过革命博物馆的反复参观，让我们认同没有共产党就没有新中国、只有社会主义能够救中国。实际上，西方社会里的博物馆也有这种隐蔽的功能。无论科学博物馆还是自然博物馆，都有这种功能。博物馆里的展品不是单纯的中性的展品，本身就是在维护某种东西的合法性。博物馆的空间划分也不是中性的。还举我们中国人比较熟悉的例子，比如，某个过去有争议的人物进博物馆了，这就意味着有新的政治动向。我们不太讨论航天飞机进博物馆，也不太讨论大鲨鱼进入博物馆，只是因为我们对这些东西不敏感。

在西方国家，人种博物馆的展品摆设经常会有政治正确还是不正确的问题。奋进号航天飞机退役后进入了加州科学中心，成为当时轰动一时的公共事件。上海老自然博物馆要拆除，引发了一代上海人的怀旧潮。所有这些，都是因为博物馆深深植根于现代社会借以获得合法性的现代性之中。

博物馆在近代欧洲的出现，与现代性对自然的征服有关。所有的征服者都喜欢展示陈列战利品，通过陈列战利品感觉自己很伟大。现代西方人对自然的征服，对非西方人的征服，催生了博物馆这种文化场所的出现。最早的博物馆主要是征服自然的战利品：各种各样的动物、植物、矿物标本拿出来显摆，显示西方人对自然的控制。

博物馆是从私人珍藏室和珍宝馆脱胎而来的。珍宝馆往往以收藏为主，不对公众开放。博物馆之诞生的关键是建立"公众开放"观念。1682 年，英国贵族阿什莫尔（Elias Asmole）将其收藏的钱币、徽章、武器、服饰、美术品、出土文物、民俗文物、动植物标本捐献给牛津大学，创立了世界上第一座博物馆——阿什莫尔博物馆（Asmolean Museum）。阿什莫尔博物馆的旧址在牛津的宽街上面，旧址大楼现在是牛津大学的科学史博物馆。今天的阿什莫尔博物馆搬到了不远处的另外一个地方，主要是一个艺术博物馆而不是自然博物馆或科学博物馆。

然而，早期的博物馆通常主要收藏和展示自然标本，都是自然博物馆。

18 世纪博物馆开始大爆发，先后诞生了爱尔兰国家博物馆（1731 年）、维也纳自然博物馆（1748 年）、伦敦大英博物馆（1753 年）、威尼斯艺术学院美术馆（1755 年）、哥本哈根国立美术馆（1760 年）、俄国爱尔米塔什艺术馆（1764 年）、西班牙国立博物馆（1771 年）、美国南卡罗莱纳查尔斯顿博物馆（1773 年）等博物馆。

18-19 世纪博物馆大发展，源于启蒙运动和法国大革命后对公共教育的重视。许多贵族珍藏室开放成为博物馆。1793 年，卢浮宫改建为共和国艺术博物馆具有象征和示范意义。启蒙运动造就自我认同，民族国家的自我认同，通过什么？通过博物馆。我们要体现民族自豪感？通过博物馆。18 世纪以后的博物馆，越来越多开始从事教育功能。之前的博物馆主要以研究为主，一般不开放或者开放得很少，一周开几次，放几个人进去。法国大革命之后，原来的皇宫、皇家花园对普通公众开放，成为博物馆、植物园。

18-19 世纪，也是自然博物馆大发展的时期。这时期，动物、植物、矿物、人种等博物学科（Natural History，自然志）有了极大地发展。自然博物馆通常是博物学的研究基地。对自然界进行盘点的结果就是出现了世界四大自然博物馆：法国自然博物馆（1742 年）、伦敦大英博物馆（1753 年成立，其自然部于 1881 年分立出来，1963 年正式成立大英自然博物馆）、美国华盛顿国家自然博物馆（1773 年）、纽约美国自然博物馆（1869 年）。

19世纪博物馆大发展，还源于殖民主义者对非西方文明的文化遗产的掠夺。

18世纪工业革命产生的一个后果是，谁掌握了工业谁就是世界老大。整个19世纪是科学工业博物馆大发展的时期，著名的科学工业博物馆有法国巴黎工艺博物馆（1794年）、维多利亚和阿尔伯特博物馆（1852年）、伦敦科学博物馆（1857年）、洛杉矶科学工业博物馆（1880年）、日本国立科学博物馆（1871年）、莫斯科科学技术博物馆（1872年）、芝加哥科学工业博物馆（1893-1933年）、慕尼黑德意志博物馆（1903年）、维也纳技术博物馆（1918年）、亨利 · 福特博物馆（1929年）等。这些博物馆都起源于对工业革命成果的回顾与展示。

世界博览会催生了科技博物馆，比如1851年伦敦举办的首次世界博览会催生了伦敦科学博物馆，1876年美国费城举办的世界博览会催生了富兰克林学会科学博物馆。世博会与科技博物馆的共同之处是，都收集和展示；都接待观众；都维护展品。世博会与科技博物馆的不同之处在于，博物馆是常设机构而世博会不是；世博会更多的是娱乐而非教育；世博会更多展示而不收藏。

世界博览会成了展示国家工业成就的方式。在展览会结束之后，或是将世博会的展品交给某个博物馆，如上海世博会云南展厅的恐龙化石在上海世博会结束后交给了上海科技馆；或是建立一个博物馆以收藏和展示世博会的展品，如英国在首次世博会之后就建立了维多利亚和阿尔伯特博物馆，其中科学与工业类的藏品于1853年分离出来，成立了南肯辛顿科学技术博物馆，后来演变成为伦敦科学博物馆。

最早的工业技术博物馆诞生于法国，这就是今天的法国巴黎工艺博物馆（Musee des Arts et Metiers, Museum of Arts and Crafts），它与国家工艺学院（Conservatoire national des arts et métiers, National Conservatory of Arts and Crafts）互为表里，用我们中国人的话说就是一个实体、两块牌子。前者负责对外布展，后者负责收藏。国家工艺学院成立于1794年，专门收藏科学仪器和技术发明。现今的巴黎国家工艺博物馆于2000年重新整修以现名对外开放。博物馆目前展出2400件历史性的藏品，包括傅科摆原件、自由女神像原模、帕斯卡计算器原件、拉瓦锡的实验仪器原件这些极为珍贵的科学技术历史遗产。

我国科技馆界工作人员去法国考察，很少去看工艺博物馆，都是去看维莱特科学中心和发现宫，原因就是我们缺少科学博物馆的第二种类型——科学工业博物馆。法国的三类科学博物馆是分开建的：法国自然博物馆、法国工艺博物馆、维莱特科学中心和发现宫四足鼎立。伦敦科学馆是合二为一，里面既有科学中心，也有科学工业博物馆的那些东西。芝加哥科学工业博物馆、德意志博物馆与伦敦科学馆的模式相似，都是科学工业博物馆＋

科学中心。

　　20 世纪科学博物馆大爆发，与人类进入科学时代有关。博物馆对科学时代的追随稍微晚半拍。19 世纪已经是科学的世纪，但公众开始喜欢科学、追逐科学，在 20 世纪表现得最为充分。20 世纪 50 年代以来，科技博物馆成倍增长，大大超过其它类型博物馆的增长速度。其中科学中心的崛起，是科学博物馆整体数目上升、影响增大的主要因素。现在经常提到的旧金山探索馆、安大略科学中心和维莱特科学中心，均是 50 年代之后的产物。

三　我国科技馆的现状与问题

　　中国博物馆是从西方传过来的，是西学东渐的结果。中国文化本来就缺乏博物馆传统：一来重"文"轻"物"，二来没有公共公开意识。王公贵族有收藏奇珍异宝之好者，往往私藏而秘不示人；中国人的文化认同主要靠"文"和"字"，并不通过以"物"为主的博物馆。中国人自己创建的第一座博物馆是南通的博物苑，由实业家张謇于 1905 年创办。

　　中国的科技类博物馆在所有博物馆中起步最晚。1958 年中国科技馆开始筹建而没有建成，直到 1988 年中国科技馆一期工程才完工。后来，各地陆续建了很多科技馆，但很多科技馆有其名无其实。多数打着科技馆名号修建的建筑，经常被挪作它用，有些甚至完全没有展品。直到 2000 年底中国科协颁布《中国科协系统科学技术馆建设标准》，此后科技馆建设才逐步走上正规。

　　近十几年科技馆发展形势喜人，主要是由于我国经济发展、政府投资、观众量增长的推动。现在各地已经建成了不少建筑面积超过 2 万平方米的大型科技馆，还有一大批正在建设中，如河南科技馆新馆、湖北科技馆新馆等。今后若干年，所有省会城市都会陆续建成超过 2 万平方米的大型综合性科技馆。

　　我国科技馆发展虽然形势喜人，但问题也比较突出。有些问题正在逐步解决。比如科技馆曾经经费不足，现在政府经费拨款普遍增加；曾经科技馆缺少起码合格的工作人员，现在中国科协和教育部联合培养高层次科普专门人才，办了很多科普方向的硕士研究生班，主要为科技馆培养后备人才；曾经科技馆难以吸引参观者，现在中国进入休闲社会，加上很多科技馆免费开放，观众十分踊跃。

　　当然，还有一些问题尚未解决或者尚未完全解决。一是理论研究滞后，许多基本的理论问题没有仔细研究、形成共识。二是展览水平低，展品雷同，特色不够。为什么特色不够或者雷同？我认为主要的原因在于，中国的科技馆都自觉不自觉地把自己等同于科学中心，完全不收藏，只搞互动展品。在世界范围看，科学中心模式本来就很难创新，加上中国的科技馆界通常自己缺乏研制展品能力，只能照搬照抄国外科学中心的展品，千馆一面就几乎是必然的后果。世界上一些有名的科学中心我都去看过了，我觉得都差不多。你要看特色，就必须有历史藏品，只有历史藏品才会有特色。我们把科技馆等同于科学中心，就难免雷同、千馆一面。当然，雷同也未必是坏事。每个省会城市办一个这样的馆，即使相互之间雷同，也问题不大。普通观众也不会像专家一样，比较各省会城市的科技馆。只要各省会综合大馆充分发挥自己的功能就可以。

我国科技博物馆的发展是跨越式发展，从自然博物馆直接到科学中心，缺失了科学工业博物馆这个环节。这一来是因为中国的工业化时间短，值得保存的工业遗产较少；二是因为我们普遍对科学技术的理解仅限于科学和技术本身，未考虑到科学技术的社会背景和人文的关联，历史维度淡薄。

跨越式发展，直接发展科学中心当然有它的合理之处。科学中心无须收藏，这样易于白手起家，尽快一步到位；此外，互动体验型展示，观众亲自动手，深受观众尤其少年儿童的喜欢，可以很快聚集人气，产生效果。

我们要想创造不雷同的科技博物馆，从根本上看，一是发展各馆自己的自主研制展品的能力，二是补上科学工业博物馆这个环节，开展科学技术与工业历史遗产的收集、收藏和布展工作。

四 走向科学博物馆

我们的跨越式发展，错失了对我们的工业遗产、科学遗产的收集整理，导致科学工业博物馆这个环节缺失。当然这不是科协一家的事，是全社会的事情。我经常在北大和校领导讲，我们北大为什么不建科学博物馆？为什么不抓紧收集北大历史上的理科教具、科研设备、设施？可是很多人没有这个概念，中国科学院也没有这个概念。中国人本来就重文轻物，文字传统压倒器物传统，这个制约了科学博物馆事业的发展。现在的许多校史馆、博物馆，器物遗产非常少，多是一些文字文物，甚至只有一些临时展板。

科学中心是时代发展的趋势，确实非常好。20 世纪科学博物馆吸引那么多观众参观，这与科学中心的发展有关系。科学中心有没有缺点呢？我认为是有缺点的。首先，互动体验型展品更善于表达物理学，如力学、声学、光学、电磁学知识，但不太善于表现进化论、博物学、化学、生物学。其次，过份强调动手，观众就不怎么动脑了，极大地削弱了科技馆的教育功能，而沦为游乐场。在科学中心里，小孩子特别高兴，十分热闹，但是氛围不适合慢慢的品味。我们到艺术博物馆去，可以站在画前静静地欣赏好长时间，但在科学中心里难以做到。光强调动手不强调动脑会削弱教育，容易沦为游乐场。第三，展品设计者将科学原理和技术过程物化的过程中，过于明确地提供标准答案，没有开放性问题，杜绝了观众自主思考的余地。第四，就科技谈科技，缺乏来龙去脉的历史背景展示。第五，借助高新技术的互动展品容易被飞速发展的家庭娱乐电子设备所赶上甚至超过，逐渐丧失魅力，科学中心模式要么不可持续，要么面临不断的更新换代，极大地提高了运行成本。

我受湖北省科协的委托帮助设计湖北省科技馆新馆。我的一个设想就是，将新馆设计成一座科学博物馆，叫做湖北省科学博物馆，不叫科学中心，也不叫科技馆，明确叫"湖北省科学博物馆"，明确向科学博物馆的第二种类型（科学工业博物馆）回归，以伦敦科学博物馆为范本。伦敦科学博物馆展示的主要是历史遗产，是实物，并且想方设法把科技遗产的历史背景、人文的走向放进去，大人也可以在那儿久久地欣赏。在科技的历史遗产旁边有互动的展品来模拟，小孩可以玩这个。我们现在的科学中心基本上和车间差不多，展品后面的背景墙面利用很少，不像艺术博物馆和历史博物馆很重视背景布展。科学中心一般不重视背景。我举个例子，大气压的实验那是很有名的科学史事件，科学中心很少讲这个历史故事，而是直接把球内的空气抽出来让观众拉不开，从而体会大气的压力。但观众很少知道这件事情的来龙去脉。实际上，布展的时候可以模仿当年在马德堡做这一实验的历史情境，这样可以把科技的发展过程表现出来，揭示近代科学的诞生从一开始就和王公贵族的喜爱以及普通民众的积极参与结合在一起。

我的方案就是尝试把科学博物馆的三种模式融为一体。不同国家的科学博物馆发展模式不一样。伦敦是合二为一，法国一分为三，其他国家各有不同，有的合在一起做，有的分开做。我们国家缺乏大型综合科学工业博物馆。我们有火车博物馆、汽车博物馆、航天博物馆，但是没有一个综合性的科学博物馆，以展示近代西方科学技术向中国的传播过程，以及中国建立自己的科学技术体系的过程。这一空白应予弥补。

展望一个融自然博物馆、科学工业博物馆（目前中国几乎是空白）、科学中心三种模式为一体的综合性科学博物馆，她应该是：

——以历史为主线（而非以学科领域）划分展区，展现科技的发展历程，讲述一个完整而非碎片的科学故事；

——在历史情景中参与体验科学原理和技术过程。仍然发挥当代科学中心的特长，支持动手体验，而且是重演历史上的伟大发现过程。

——体现科技与社会、科学与人文的互动关系，支持观众的主动参与，对科学发展的社会后果进行辩论，提供不同讨论进路。

本文原载于《自然科学博物馆研究》2016 年第 3 期